我们的家园

中国传统民居绘本

晓苏、久九 ◎ 著　　妙象童画 ◎ 绘

"爸爸妈妈，这次我们要去哪儿玩呢？"

"金豆，这次我们要去看各式各样的漂亮房子。"

"漂亮房子里有什么？"

"好看的、好吃的和好玩的！"

深圳出版社

图书在版编目（CIP）数据

我们的家园：中国传统民居绘本 / 晓苏，久九著；
妙象童画绘. -- 深圳：深圳出版社，2023.8
ISBN 978-7-5507-3813-3

Ⅰ．①我… Ⅱ．①晓… ②久… ③妙… Ⅲ．①民居－
建筑艺术－中国－儿童读物 Ⅳ．① TU241.5-49

中国国家版本馆 CIP 数据核字（2023）第 069619 号

我们的家园：中国传统民居绘本
WOMEN DE JIAYUAN : ZHONGGUO CHUANTONG MINJU HUIBEN

出 品 人　聂雄前
责任编辑　张嘉嘉　涂玉香
责任技编　陈洁霞
责任校对　万妮霞
装帧设计　王　佳　王雪如

出版发行　深圳出版社
地　　址　深圳市彩田南路海天综合大厦（518033）
网　　址　www.htph.com.cn
订购电话　0755-83460239（邮购、团购）
设计制作　深圳市童研社文化科技有限公司
印　　刷　深圳市新联美术印刷有限公司
开　　本　889mm×1194mm　1/12
印　　张　5
字　　数　63 千
版　　次　2023 年 8 月第 1 版
印　　次　2023 年 8 月第 1 次
定　　价　72.80 元

前言

我们应该怎么去理解"人与自然"的关系？

我们又应该怎么去理解"人与人"的关系？

本书的初衷，就是想让孩子们能更轻松直观地去理解上述两个看似深奥的问题。

首先是关于"人与自然"的关系。远古时期，人类的力量较为渺小，"自然崇拜"就成为人与自然之间最朴素的关系。随着科技的进步和人类对自然理解的步步深入，人类改造自然环境的能力越来越强。进入工业革命之后，人类第一次感受到了科技的强大，希望以"人定胜天"的方式处理和自然的关系，却在经历了各类环境污染和公害事件后，逐渐开始反思人与自然关系的应有状态，而"人与自然和谐共生"，才是这个问题的正解。

其次是关于"人与人"的关系。我们每个个体，每个社群，都是如此与众不同，求同存异、融合式发展是一种相处法则和智慧。特别是未来社会的发展会更加多元化，不同的社群、宗教、意识形态，都将在现实生活和二次元世界中找到一席之地。这种差异性，很大程度上源于深刻影响我们的那个成长环境。不同的气候条件和地理环境，塑造了不同的地域文化和地方气质，而我们每个人，也都脱离不了那个拥有特定地方气质的"家园"。理解社群、地域和文化的差异，也能进一步帮助我们去建构和谐的"人与人"之间的关系。

本书最终落脚在"中国传统民居"上。因为"中国传统民居"所拥有的智慧，充分解答了人与自然应该怎样和谐共生的问题，也充分解答了民族、宗教、文化之间应该怎样求同存异和多元交融的问题。

传统民居是承载着历史长河中所有普通人生活的实体，在中国悠久的历史进程中，民居也逐步发展成为闪耀着古人智慧，承载着伦理纲常、风俗习惯、文化要义的重要建筑。书中选取了具有地域特色、民族特色、结构特色的十种传统民居建筑类型，包括窑洞、蒙古包、傣族竹楼、北京四合院、客家土楼、江南水乡民居、吊脚楼、藏族碉房、喀什民居、开平碉楼，细致介绍了古人如何因地制宜、就地取材、适应气候建造房屋，他们又是怎样随着历史的变迁，对房屋进行革新和改造，以适应新环境和新情势。书中还介绍了这些传统建筑的艺术塑造、房屋布局安排，是怎样同各民族的文化、生活方式、伦理纲常交相辉映的。

希望孩子们可以通过本书，从一个侧面了解中国历史、了解传统文化、了解古人智慧，可以通过这些色彩斑斓的场景和丰富的建筑、民俗小知识，进一步理解人与自然之间的关系和人与人之间的关系。

下面，就请跟随着小金豆一家，开启一场"我们的家园"的穿越之旅吧。

——晓苏（深圳大学全球特大型城市治理研究院副教授，特聘研究员）

这里是**黄土高原**，这里可以听见腰鼓声在风中回荡。住在这里的小朋友，可以在房顶上晒玉米，也可以追着小鸡四处乱窜。丰收的季节，院子里堆满了金黄的谷子，孩子们开心地跑来跑去，等着锅里新蒸出来的黄馍馍。

窑洞是中国最古老的民居形式之一。黄土高原到处都是黄土，因此住在这里的人们多用"土"造房子。厚厚的土层让这些房子冬暖夏凉，防火隔音。除了"土窑"，根据建筑材料的不同，还有石窑和砖窑。

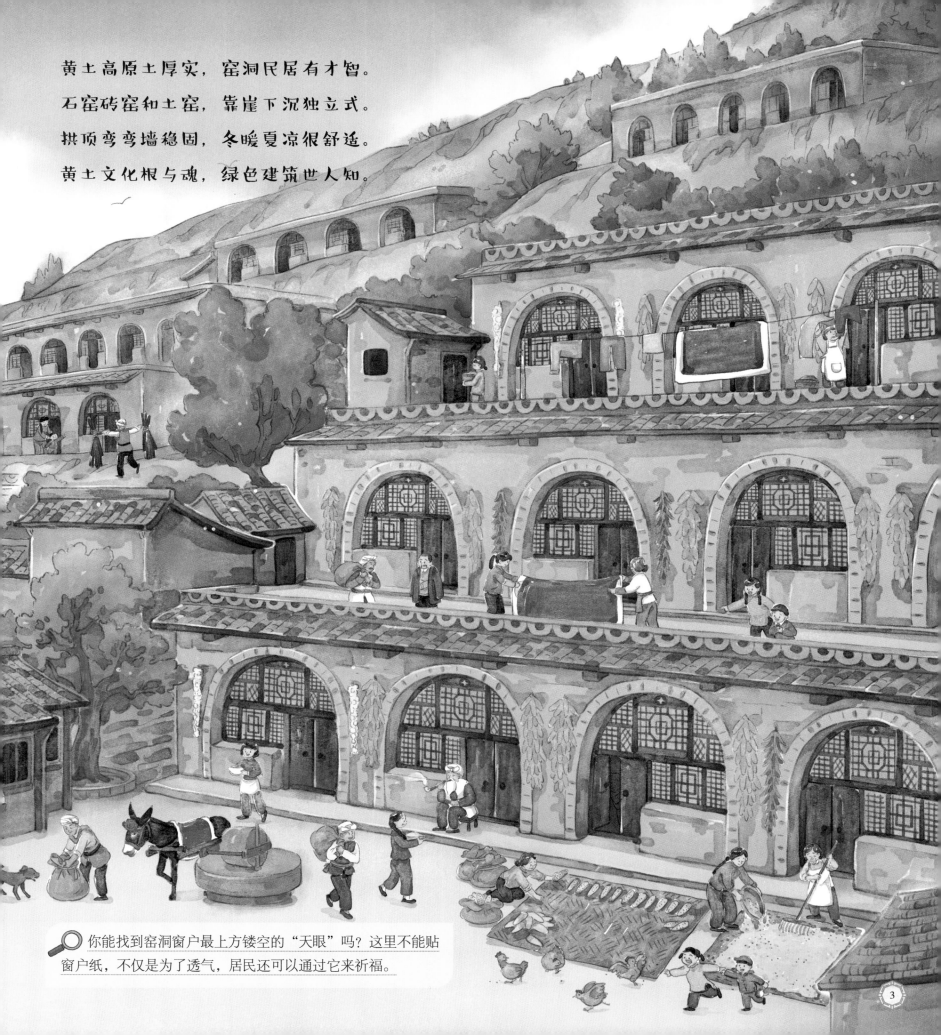

黄土高原土厚实，窑洞民居有才智。

石窑砖窑和土窑，靠崖下沉独立式。

拱顶弯弯墙稳固，冬暖夏凉很舒适。

黄土文化根与魂，绿色建筑世人知。

你能找到窑洞窗户最上方镂空的"天眼"吗？这里不能贴窗户纸，不仅是为了透气，居民还可以通过它来祈福。

你知道吗，除了住在"洞"里，这里的小朋友还可以住在"坑"里?

窑洞根据建造方式的不同，主要分为靠崖式窑洞、下沉式窑洞和独立式窑洞。其中下沉式窑洞又叫作地坑院，看起来就像是住在"坑"里。

靠崖式窑洞像是一个个山洞，洞深6—10米，高和宽2—3米，为了保暖和结构稳定，这些窑洞的顶部需要保留3米以上的土层。

下沉式窑洞像是一个个地坑，建造的时候先从平地向下挖坑，形成一个院子，再以院子为中心，朝四个方向挖洞建房。

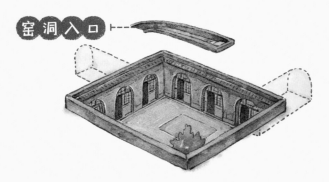

窑洞入口

独立式窑洞更像普通的房子，是在平地上用砖石或土坯建造的房屋。为了保暖，这种房子的顶部需要盖上一层黄土。独立式窑洞的通风、采光更好。

住在"洞"里面，结实吗?

结实。窑洞所用的土来自黄土高原，这种土和一般的土不一样，质地非常密实。同时房顶拱形的结构，可以让顶部的压力一分为二，避免房屋坍塌。

在哪里可以见到窑洞？

在黄土地区，比如陕西、山西、甘肃、河南等地可以见到窑洞。窑洞的悠久历史可以追溯到古人类的穴居时期，公元前 5000 年—公元前 3000 年的仰韶文化中就出现了许多窑洞。

罗罗面面，油馍串串，
猪肉扇扇，蜂蜜罐罐，
我娃是个福蛋蛋。
福里生，福里长，
从小就能把福享。

住在"洞"里面，舒服吗？

舒服。窑洞冬暖夏凉，厚厚的黄土把房子里面同外面的空气隔绝了，就像给房子盖了床被子，外面不论多热和多冷，房子里面都不会受到太多影响。

你知道会发热的床是什么样子的吗？

北方居民多用砖石或土坯建一张床，这种床和烟囱、锅灶是相通的，可以烧火取暖。这种会发热的床，叫作炕。

烟囱
锅灶
炕
烟道

这里是**内蒙古**，这里有宽广无际的大草原，马头琴的旋律在微风中飘扬。住在这里的小朋友，和他们的牛羊群一起，随着季节更替而搬家。春秋时节，他们住在水草丰茂的草场边上，可以和小羊羔玩耍；夏天，他们搬到了凉爽的高地上，可以采摘遍地的野花；到了冬天，他们又搬到了山谷里，可以躲在温暖的蒙古包里喝奶茶。

> **蒙古包**也叫毡（zhān）包，它的骨架是木条，表皮是毛毡。游牧民族逐水草而居，需要经常搬家，于是产生了毡包。在汉文古籍里，它被称为穹庐，清朝后被称为蒙古包，源于满语。

一把巨伞撑上天,

伞顶开窗透光线。

四周毛毡围墙壁,

大门朝着东南面。

游牧民族逐水草,

收起毡包马车迁。

搭在茫茫草原上,

就像一朵朵白莲。

你能找到勒勒车吗?这种车子车身小,但双轮高大,可以用来搬运蒙古包。

在哪里可以见到蒙古包？

  在我国的内蒙古、新疆、青海、甘肃等地都可以见到蒙古包。有游牧民族的地方，就会有蒙古包或者类似蒙古包的房子。

为什么蒙古包内生火做饭的地方，总是在房子的正中央？

  蒙古包内的火炉总是放在正中央，是为了对着天窗"套瑙"，方便把炊烟排出去。

你知道吗，蒙古包的天窗可以当钟表用？

在没有钟表的年代，人们可以通过阳光从天窗"套瑙"射进来的光及其投影推算时间，原理和日晷（guǐ）一样。

敕勒川，阴山下，
天似穹庐，
笼盖四野。
天苍苍，野茫茫，
风吹草低见牛羊。

为什么蒙古包的门总是朝着东南方或者南方？

门朝着东南方或者南方，夏天可以让东南风吹进房间，蒙古包内就更凉快；冬天则挡住了西北风，蒙古包内会更暖和。

怎么建一个蒙古包？

建造蒙古包比建造普通的房子容易很多。

先用哈那、套瑙、乌尼把蒙古包的形状架出来；

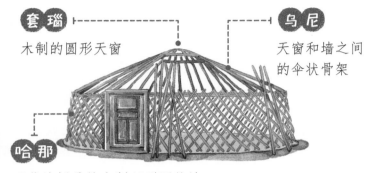

套瑙 木制的圆形天窗

乌尼 天窗和墙之间的伞状骨架

哈那 可伸缩折叠的木制环形网状墙

然后用两三层毛毡把木架构围起来；

再用绳子捆住毛毡，固定好，蒙古包就建好了。

一个蒙古包的搭建或拆卸一般一个小时可以完成。

蒙古包的历史有多久了？

蒙古包最早诞生于青铜时代早期，经过匈奴、突厥、契丹等多个民族的传承和改造，演变成了今天便于拆卸、移动和安装的蒙古包。

▶ 天眼 ......

（你找到了吗？）

▶ 窗花

窗花是一种剪纸，贴在窗纸或窗户玻璃上，窗花是中国古老的传统民间艺术之一。

▶ 驴拉磨

磨是一种粮食加工工具，可以把大米、小麦、大豆等粮食研磨成粉末。驴是拉磨的一把好手，从古时候开始，就有很多地方用驴来拉磨。有关驴拉磨的歇后语非常多，比如，"毛驴拉磨——跑不出这个圈""拉磨的驴——瞎转圈"。

▶ 白羊肚手巾

陕北和晋西北的农民多用头巾缠头，这种头巾叫作白羊肚手巾，可以用来擦除沙尘、汗水和御寒。

▶ 腰鼓舞

腰鼓舞是陕西古老的传统民俗舞蹈，以陕西延安市的"安塞腰鼓"最有名。

▶ 晒谷子

谷子收获之后，一般需要好几天的晾晒时间。经过晾晒的谷子，更便于储存。

▶ 勒勒车（你找到了吗？）

▶ 马头琴

马头琴是一种弦乐器，因为琴柄雕刻成马头的形状而得名。马头琴是蒙古族人民喜爱的乐器。

▶ 哈达

这种白丝巾叫作哈达，不过哈达也有别的颜色。献哈达是蒙古族人民的一种传统礼节，拜佛、祭祀、婚丧、拜年以及对长辈、贵宾表示尊敬时，都需要使用哈达。藏族也有类似的风俗。

▶ 那达慕大会

那达慕大会是蒙古族历史悠久的传统节日，每年七八月举行。摔跤、套马、射箭等是其中的重要活动。

摔跤   套马   射箭

▶ 敖包

敖包是蒙古族用来祭祀祈福的地方，一般建在山顶或者丘陵上。牧人路过敖包，会在上面添加一块石头，以祈求平安。

这里是云南的**西双版纳**，傣族人的美丽家园，这里有高大茂密的热带雨林。住在这里的小朋友，可以在高耸的屋顶下跳孔雀舞，可以打着赤脚在屋子里穿来穿去，也可以背上象脚鼓，吹着葫芦丝，迎接泼水节的到来。

热带雨林雨水多，傣族人家建竹楼。

上下两层加晒台，人形屋顶雨不漏。

种上槟榔凤尾竹，干栏建筑美悠悠。

一年四季春常在，泼水欢歌乐不休。

傣族竹楼是一种用竹子建造的干栏式房屋，后多用木头。这种房子高出地面，底层被完全架空。远古的人类有很大一部分住在树上，后来他们从树上搬迁到地面，为了防潮和防蛇虫鼠蚁，就创造并一步步改进形成了像竹楼这样的房子。这种干栏式房屋是人类历史上最古老和分布最广的房屋之一。

你能找到傣族竹楼的楼梯吗？一般一户只有一条楼梯通到家里。

13

在哪里可以见到傣族竹楼？

在我国的云南西部、西南部可以见到很多傣族竹楼，其中西双版纳和德宏的竹楼最有名。傣族竹楼非常古老，已经有1400多年历史。

屋顶

西双版纳雨水丰沛，傣族竹楼屋顶陡峭，呈人字形，这有利于排泄雨水。过去竹楼屋顶铺茅草，现在常见木板盖顶或瓦顶。

你知道吗，这里的小朋友睡觉不用床，都是"打地铺"？

传统傣族竹楼的卧室是全家共用的，而且没有床。小朋友们直接在楼板上铺垫子，然后在每一个铺垫外面挂帐子睡觉。

热带地区白蚁很多，会把房子吃掉吗？

不会。因为傣族人会选用白蚁不会吃的杂木建房子。同时，楼底下养的猪和鸡也会把白蚁吃掉。

堂屋

堂屋是接待客人的地方，客人留宿过夜时也睡在这里。

火塘

火塘是做饭、照明、取暖、待客的场所。传统的火塘里面的火常年不熄。很多民族的房子里都有火塘。

晒台

晒台可以用来晾晒衣服、谷物等。

太阳雨，下不起，
又出太阳又下雨。
栽黄秧，吃白米，
青蛙出来讲道理。

为什么这里的房子底层要架空？

这里气候炎热，潮湿多雨，而且蛇虫鼠蚁比较多。底层架空可以通风、防潮、防虫兽，还可以防洪水。傣族竹楼的底层一般用来圈养牲畜家禽和堆放杂物。

这里是**首都北京**，这里有着悠久的历史和规整的街道。住在这里的小朋友，可以看见四季变换的彩色世界。春天是五颜六色的，孩子们可以在院子里踢毽子、丢沙包；夏天是绿油油的，卖金鱼的爷爷来到了胡同里；秋天变成了红彤彤、金灿灿的，好朋友们约着在胡同里玩兔儿爷、斗蛐蛐；冬天是银白色的，一家人可以在院子里堆雪人、打雪仗。

你能找到北京四合院大门顶上的蝎子尾吗？传说这种大门正脊两端向上翘起的装饰，有辟除火灾的作用。

北京四合院是中国北方合院式建筑的典型代表。四合院的 "四" 指的是东西南北四个方向，"合" 是围起来的意思，"院" 是庭院。四个方向的房屋把一个庭院围起来，就形成了四合院。四合院按照中轴线对称分布，布局讲求伦理和风水。

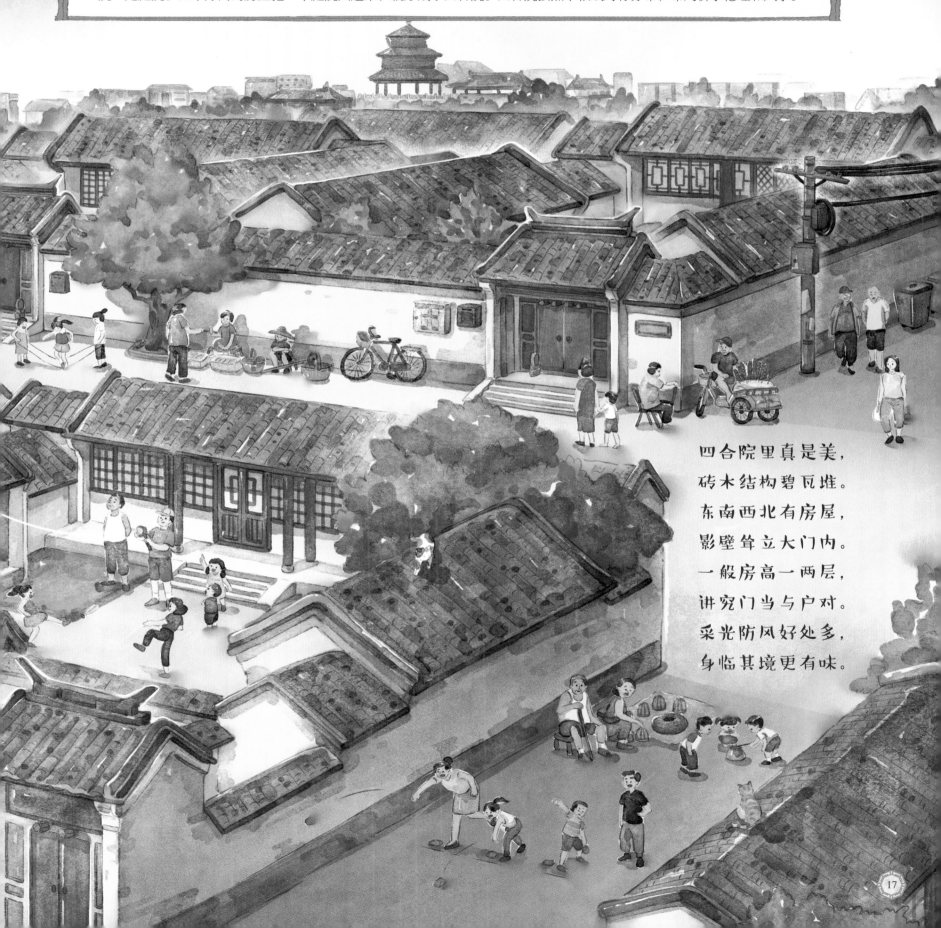

四合院里真是美，
砖木结构碧瓦堆。
东南西北有房屋，
影壁耸立大门内。
一般房高一两层，
讲究门当与户对。
采光防风好处多，
身临其境更有味。

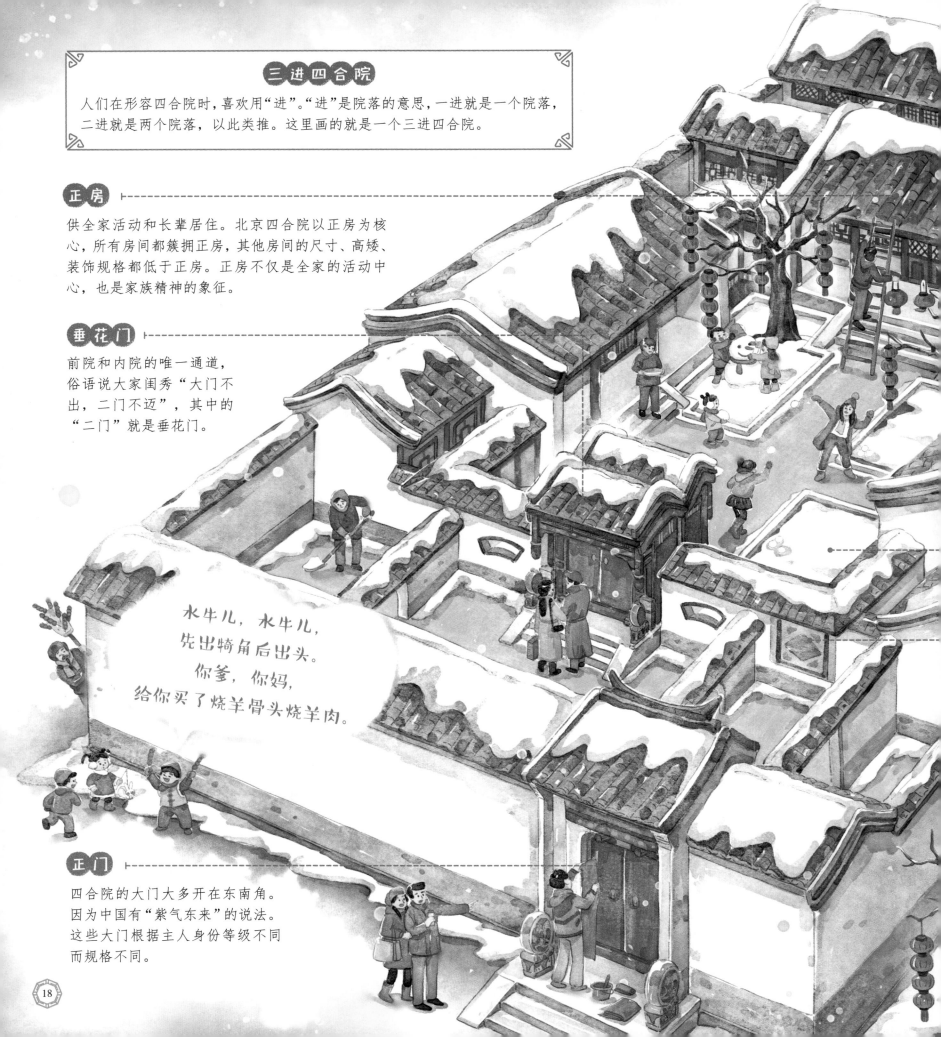

三进四合院

人们在形容四合院时，喜欢用"进"。"进"是院落的意思，一进就是一个院落，二进就是两个院落，以此类推。这里画的就是一个三进四合院。

正房

供全家活动和长辈居住。北京四合院以正房为核心，所有房间都簇拥正房，其他房间的尺寸、高矮、装饰规格都低于正房。正房不仅是全家的活动中心，也是家族精神的象征。

垂花门

前院和内院的唯一通道，俗语说大家闺秀"大门不出，二门不迈"，其中的"二门"就是垂花门。

水牛儿，水牛儿，
先出犄角后出头。
你爹，你妈，
给你买了烧羊骨头烧羊肉。

正门

四合院的大门大多开在东南角。因为中国有"紫气东来"的说法。这些大门根据主人身份等级不同而规格不同。

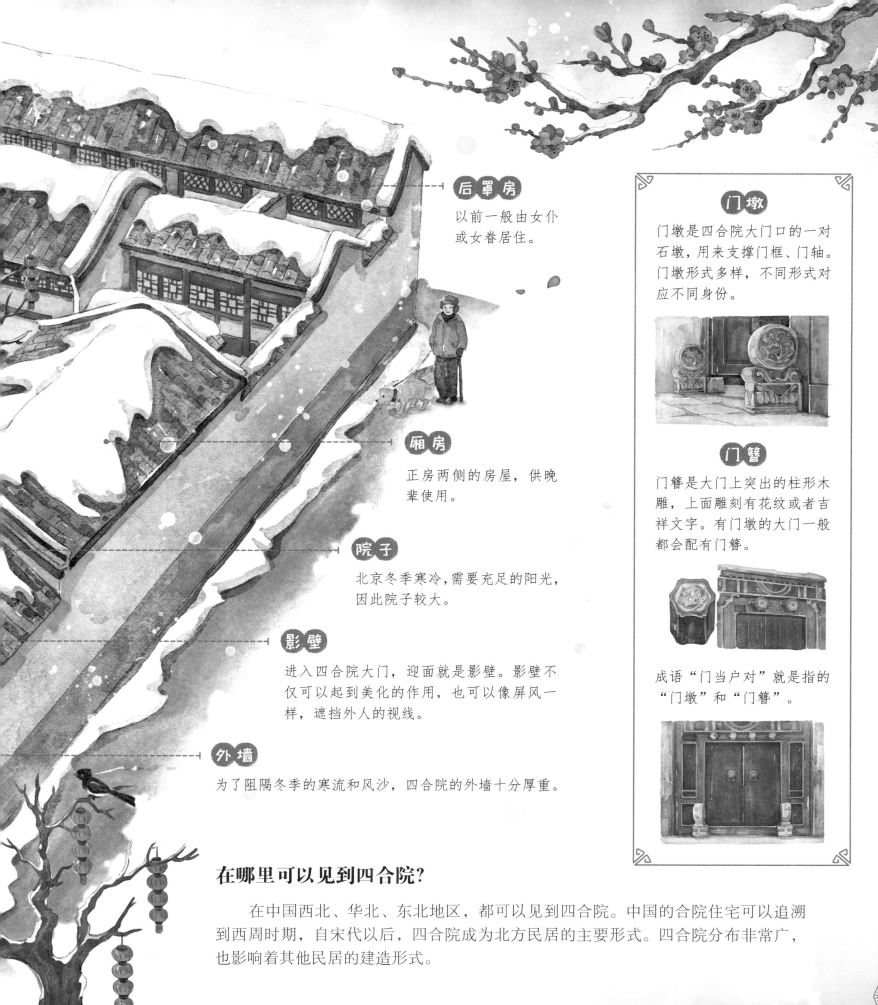

后罩房

以前一般由女仆或女眷居住。

厢房

正房两侧的房屋，供晚辈使用。

院子

北京冬季寒冷，需要充足的阳光，因此院子较大。

影壁

进入四合院大门，迎面就是影壁。影壁不仅可以起到美化的作用，也可以像屏风一样，遮挡外人的视线。

外墙

为了阻隔冬季的寒流和风沙，四合院的外墙十分厚重。

门墩

门墩是四合院大门口的一对石墩，用来支撑门框、门轴。门墩形式多样，不同形式对应不同身份。

门簪

门簪是大门上突出的柱形木雕，上面雕刻有花纹或者吉祥文字。有门墩的大门一般都会配有门簪。

成语"门当户对"就是指的"门墩"和"门簪"。

在哪里可以见到四合院？

在中国西北、华北、东北地区，都可以见到四合院。中国的合院住宅可以追溯到西周时期，自宋代以后，四合院成为北方民居的主要形式。四合院分布非常广，也影响着其他民居的建造形式。

▶楼梯（你找到了吗？）

▶绿孔雀

绿孔雀是中国唯一的本土原生孔雀，目前仅分布于云南省境内，属于国家一级重点保护野生动物和极度濒危物种。绿孔雀、蓝孔雀，你会辨别吗？

▶象脚鼓舞

白象是傣族的吉祥物，将传达吉祥声音的鼓做成白象腿的形状，就成了象脚鼓。

象脚鼓舞是傣族最具代表性的一种传统舞蹈。跳象脚鼓舞是为了驱灾辟邪、庆贺丰年。

▶孔雀舞

孔雀舞是傣族人的传统舞蹈。傣族人觉得孔雀美丽、善良，是吉祥的象征，他们用跳孔雀舞的方式来表达愿望和理想。

▶泼水节

泼水节是傣族重要的节日，在西双版纳地区，这是他们的新年。泼水节期间，大家用纯净的清水相互泼洒，泼出的清水象征着吉祥、幸福、健康。

▶ **蝎子尾**（你找到了吗？）

▶ **年代游戏**

看，跳皮筋、滚铁圈，你玩过吗？

▶ **卖金鱼**

　　"金鱼"与"金玉"谐音，养在一缸清水中，就是"金玉满堂"。四合院的院子里总会放个大鱼缸，里面养几条金鱼，图个吉利。

▶ **斗蛐蛐儿**

　　北京人的"四大玩儿"就是花鸟鱼虫，其中养的"虫"主要指蛐蛐儿，学名蟋蟀。斗蛐蛐儿就是看这些虫子打架，图个乐呵。

▶ **兔儿爷**

　　传说古时候某年北京城闹瘟疫，嫦娥便派玉兔下凡，去化解这场灾难。后来每到中秋，北京百姓祭月亮的时候也会祭兔儿爷。再后来，兔儿爷就变成了孩子们中秋节的玩具。

▶ **遛鸟**

　　1644 年，顺治帝迁都北京，也把旗人提笼架鸟的爱好带进了北京，后来这种爱好传入民间，一直延续到现在。

这里是**福建**，那些方形、圆形的土房子，就是客家孩子们的家。住在这里的小朋友，从来不缺伙伴，他们同自己的大家族住在一起，多的可达几百人。他们可以在通廊里跑个不停，可以透过小小的窗户看世界，也可以东家一口酿豆腐，西家一口酿苦瓜，热热闹闹地吃完一顿饭。

你能找到土墙底层的石头墙基吗？这些墙基要修到最高洪水位以上，以确保土墙不被洪水浸泡。

中原战乱和饥荒，
南下山区把根扎。
方方圆圆变化多，
层层叠叠祠堡家。
耕读之乐大围屋，
防御机制顶呱呱。
东方城堡真独特，
世界遗产把名扬。

客家土楼是客家人以生土为原料建造的一种家庭式防御性住宅。客家人从中原迁徙而来，作为外来族群，既要面对野兽袭击，又要与原住民争夺有限资源，还会遇到山匪，于是他们创造了像城堡一样坚固的土楼。不仅客家人，闽南人也建土楼。福建土楼在 2008 年被列入《世界遗产名录》。

在哪里可以见到土楼？

在我国的福建、广东、江西等地区可以见到土楼，主要有方形、圆形、八角形、椭圆形等形状。

客家人是少数民族吗？

客家人也是汉族人。一般认为，为了躲避战乱和灾祸，自两晋、唐宋以来，居住在黄河流域的汉族人背井离乡，不断南迁到福建、广东、江西等地定居，为和当地原住民区别开来，故称为客家人。

土楼里最多可以住多少人？

这里的人们聚族而居，大部分土楼有四五层高，一楼是祠堂、厨房和饭厅，二楼是粮仓，三楼以上住人。有的土楼甚至可以住下一个村子的人，比如福建龙岩的楼王"承启楼"，曾住过 800 多人。

通廊

土楼怎么抵御外敌？

土楼的外墙非常坚固厚实，设有射击孔。为了防卫，土楼的一、二楼不开窗。土楼的内部有水井，二楼的仓库储备有充足的粮食，外敌入侵时，土楼内有充足的水和食物保障。客家土楼还会在靠近内庭院的一侧有通廊连接所有房间，遇到敌情，人们可以迅速集合协调作战。

为什么土楼的墙壁很厚？

这是为了抵御外敌和防洪防风防震，有的土楼底层的墙壁厚度达到两米。建造土楼的墙壁时就地取材，是用生土掺入竹片等材料建成的。生土指的是没有经过焙烧，只是进行简单加工的自然土。

建造一座土楼要多长时间？

建造一座较大型的土楼通常需要四五年时间，更大的甚至要二三十年。

你知道吗，土楼的大门可以防火？

每个土楼通常只有一个大门，这个大门非常坚实，门表面还会包铁皮防火。同时，门梁上设置泄水槽，与二层的水箱相通。大门遭受火攻时，只要往二层的水箱倒水就可以灭火。

这里是**江南**，这里的小桥、流水、人家就像水墨画一样美丽。住在这里的小朋友，可以坐上小船去外婆家，也可以带上妈妈备好的青团，走过一座座桥去上学。淅沥沥，哗啦啦，一场场梅雨，将天上的水都带到了家里的天井，孩子们在家里也可以在水里嬉戏。

青砖白墙黛瓦垒，
小桥流水人家醉。
乌篷船，橹声随，
烟雨蒙蒙画中追。
岸边院子小天井，
四水归堂燕子回。
外层砖，里层木，
雕梁绣柱熠生辉。

你能找到沿河的廊棚吗？走在这些带屋顶的长廊下面，你就不怕太阳也不怕下雨了。坐在河边看风景，多惬意啊。

周记青团

江南水乡民居 同北京四合院一样，大多是中轴对称布局的合院住宅，但是院落更小、更紧凑。江南水资源非常丰富，河网密布，这里的房屋有的顺着河流和湖泊建设，有的沿着河道两侧拓展，形成"小桥流水人家"的水乡景色。

在哪里可以见到江南水乡？

主要在长江三角洲地区。江苏的周庄、角（lù）直、同里，浙江的西塘、乌镇、南浔古镇等，是最具有代表性的水乡城镇。

泛舟采菱叶
过摘芙蓉花
扣楫令童侣
齐声采莲歌

摇摇摇，
一摇摇到外婆桥，
外婆叫我好宝宝。
糖一包，果一包，
还有饼儿还有糕。

这里的小朋友出门都坐船吗？

过去，坐船是江南水乡的主要交通方式。这里的房屋很多是顺着河流和湖泊建成的，每家每户的后门出去就是小河。

江南水乡民居为什么多是白墙？

白色的墙壁可以更好地反射阳光，在炎热的夏天让室内更凉爽，同时看上去清爽干净。

你知道江南的房子怎么防火吗？

建造马头墙是其中一种经典做法。水乡以外，广义的江南地区还包括皖南等地。皖南多山地而房屋密集，相邻的房子之间，人们会建造封火山墙来隔断火源。阶梯状的山墙远看形似马头，因此叫作马头墙，它也成为当地一种文化符号。

马头墙

天井

中间的院子为什么叫作天井？

江南雨水较多，房屋紧挨着，因而排水系统向内设计，下雨的时候雨水会顺着四个方向的屋檐一起流到院子里，就像瀑布一样。而这个院子因为很小，朝着天空看过去很像一口井，所以叫作天井。天井具有采光、通风和排水等功能。

▶ 石头墙基 •------
（你找到了吗？）

▶ 水井

水井是一种为取地下水使用而开凿的深洞。客家土楼里面至少会有一口水井，以保证土楼里的水源供给。

▶ 十番音乐

"十番"又称"十班""五对"，十番音乐一共用丝、竹、革、木、金制作的十余件乐器演奏。这是客家人的传统音乐，乐曲的内容取材于大自然和客家人日常生活、习俗情趣。

▶ 晴耕雨读

天晴的时候去耕田，下雨的时候去读书，这是客家人的传统生活方式。这说明他们非常重视教育，把读书视为和耕种一样重要的事情。

▶ 酿苦瓜

酿菜是客家特色饮食，酿苦瓜是其中的一道名菜，十分鲜香。把调制好的肉馅包进切成段并挖成中空的苦瓜里，再经蒸煮，酿苦瓜就做成了。

▶沿河廊棚（你找到了吗？）

▶青团

青团是我国江南地区的传统特色小吃，已有上千年的历史。传统的青团用艾草汁和麦苗汁混合拌入糯米粉制成，外表是青绿色的，口感润滑，是清明节的必备小吃。

▶梅雨

梅雨是一种持续阴雨的气候现象，每年六七月出现在我国长江中下游等地。这个季节正是江南梅子的成熟期，所以被称为梅雨。因为一直阴雨连绵，家里的东西也会发霉，所以民间又叫"霉雨"。

▶鸬鹚（lú cí）捕鱼

鸬鹚捕鱼是一种传统的捕鱼方法。鸬鹚俗称鱼鹰，它们的嘴巴又尖又长，捕鱼本领很高。为了让鸬鹚多捕鱼，渔民会在鸬鹚脖子上戴上一个套子，让它们不能把捕到的鱼咽下去，避免它们吃饱了就不捕鱼。

▶乌篷船

船上的篷子被防水的"黑油"涂成了黑色，因此叫作乌篷船。这是江南水乡很特别的一种交通工具。

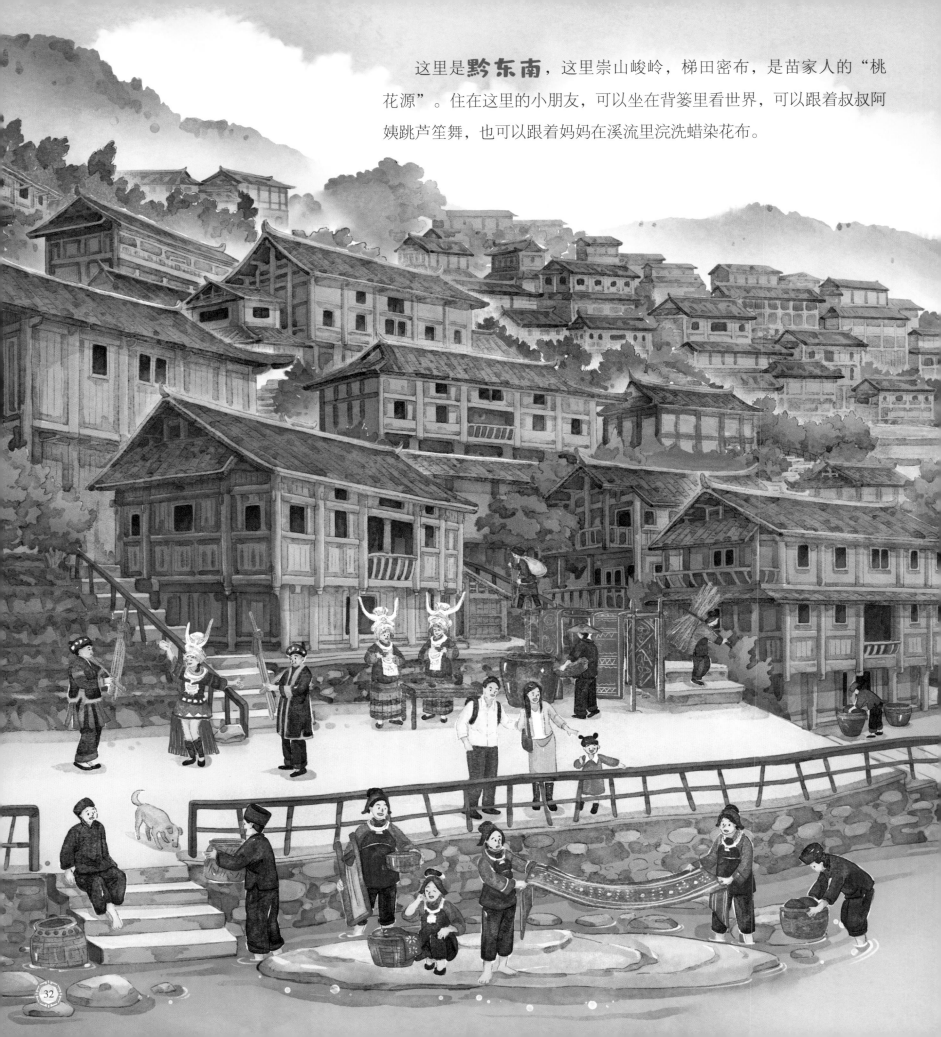

这里是**黔东南**，这里崇山峻岭，梯田密布，是苗家人的"桃花源"。住在这里的小朋友，可以坐在背篓里看世界，可以跟着叔叔阿姨跳芦笙舞，也可以跟着妈妈在溪流里浣洗蜡染花布。

苗歌侗布传承地，
吊脚楼房一簇簇。
依山伴水太潮湿，
前部悬空撑木柱。
干栏房屋多惬意，
上面住人下堆物。
如今青瓦飞檐美，
告别吊脚茅草屋。

你能找到横跨河面的风雨桥吗？人们可以在桥上乘凉、避雨、聊天。苗族、侗族等民族都认为桥可以带来平安、幸福。

吊脚楼也称作吊楼，是一种用竹子和木头造出来的干栏式或者半干栏式房屋。这种房子可以依山而建，也可以靠水而建，它们适应地形，用长长的"脚"把房子架起来。不仅苗族，土家族、侗族、布依族等少数民族都会建造吊脚楼。

在哪里可以见到吊脚楼？

吊脚楼是我国一些少数民族的特色建筑，在贵州、重庆、湖南、湖北、广西等地都可以看到。

小小雀，
小小鸟，
小小哥儿地上跑。
妈来扶，
爹来抱，
小小哥儿哈哈笑。

为什么吊脚楼长着长长的脚？

这里的吊脚楼依山势而建，房屋后半部靠着斜坡，前半部悬空，因此需要用木头把悬空的部分架起来。西南地区多雨潮湿，蛇虫鼠蚁较多，这样的房子楼下通风、防潮，也可以防蛇虫和野兽，还可以堆放杂物和饲养家畜。

你知道吗，吊脚楼可以整体搬走？

传统的吊脚楼大都就地取材。黔东南多山地，这里盛产木材，房屋多用木头建造。搬家的时候，这些木结构拆除后可以整体搬走，就像积木一样。

美人靠

美人靠，学名"鹅颈椅"，是一种下面是条凳，上面是靠栏的长条形椅子。美人靠是苗族吊脚楼的特色之处。

怎么盖一座吊脚楼？

首先，盖房子需要选择吉日，并有祭祀仪式。房主会请村里人帮忙，将木结构组装起来，然后把屋架立起来。

屋架立好后，就要上梁。上梁是最重要的，上正梁的人往往是房主，或者其大舅、叔伯兄弟。

木结构完全搭建好后，村子里的人一起帮忙在屋顶盖瓦片。

最后安装楼板、墙壁和进行装饰，一座吊脚楼就盖好了。

这里是**青藏高原**，这里是世界屋脊，也是藏族人的美丽家园。住在这里的小朋友，可以在房顶眺望远方的雪山，可以和朋友们一起去捡牛粪，可以骑上牦牛游草原，还可以围着火塘喝酥油茶。

藏族碉房多用石木或者土木建造，大多是平屋顶，有两三层高。青藏高原是多民族聚居地，部落众多，千百年来战乱不断，同时高原气候较为恶劣，为了抵御外敌、适应气候，就产生了像藏族碉房一样坚固的房子。

高原气候多变化，

碉房建在屋脊上。

背山面朝水或路，

祈福经幡顶层挂。

下宽上窄像碉堡，

石木结构似堤坝。

平顶厚墙御风寒，

青藏开满格桑花。

你能找到高高的碉楼吗？它们守护在藏族碉房的旁边，可以更快发现外敌。

为什么藏族碉房的门窗要涂成黑色？

藏族碉房的门窗周围普遍会被涂成黑色，这样装饰是出于对黑年神的崇拜，以祈求平安。

你知道吗，以前藏族居民会在厨房睡觉？

以前，由于能源匮乏，藏族居民通常只在厨房生火，厨房成了生活的中心，他们吃饭、喝茶、会客都在这里。天冷的时候，如果只有厨房生火，那么藏族居民也会在厨房睡觉。

藏族碉房顶层为什么挂彩色的布带？

这些布带叫作经幡，是用来祈福的。青藏高原气候多变，因此长期生活在这里的藏族人对大自然非常敬畏和虔诚，房子里外处处都有祈福的物件。

平屋顶

青藏高原大部分地区干旱少雨，平屋顶利于接收阳光，同时可以进行晾晒、祭祀等活动。

就地取材

藏族碉房形态各异，有的用石头堆砌，有的用土木建造，完全取决于当地拥有什么样的材料。

低矮空间

藏族碉房一般净高2.2米，通常不超过2.8米，狭小的空间有利于保暖和防风。

小窗

底层不开窗或只开小窗，增强房屋的防御性。

封闭的院落

每户藏族碉房都有院落，封闭的结构利于避风保暖。由于地形起伏，院落很少中轴对称。

厚重的墙体

藏族碉房的墙体一般厚达半米多，可以用来保暖。

为什么小朋友要去捡牛粪？

青藏高原能源缺乏，牛粪作为一种燃料在藏族居民的生活中很重要。他们将牛粪做成牛粪饼，放在外墙上晒干，随时备用。

▶ 风雨桥（你找到了吗？）

▶ 背篓

为了能照顾孩子，同时能农耕干活，苗族的女性会用背带、背篓把孩子背在背上。

▶ 芦笙舞

芦笙是一种乐器，芦笙舞是苗族传统的民间舞蹈。苗族人跳芦笙舞，源于古代播种前祈求丰收，收获后感谢神灵和祭祀祖先的仪式。

▶ 苗银饰品

银饰是苗族人最喜爱的饰物。苗族银饰常出现于喜庆场合，有辟邪趋正、纳福迎祥的寓意。

▶ 苗族蜡染花布

早在秦汉时代，苗族人就已掌握了蜡染技术。制作一匹蜡染花布，需要将画好蜡花的布浸入靛蓝染缸里，染好后拿到河边漂洗，再放进锅里面煮，把布上的蜡脱掉，最后晾晒。多道工序之后，才能制作出美丽的蜡染花布。

浸泡

漂洗

晾晒

▶ 碉楼（你找到了吗？）

▶ 藏獒

一种原产于青藏高原的犬类，体形很大，性格凶猛，对主人非常忠诚。

▶ 牦牛

一种古老的物种，主要生活在中国的青藏高原地区。藏族人的衣食住行都离不开牦牛。

▶ 雪山

藏族人生活的青藏高原上有很多座雪山，喜马拉雅山脉的珠穆朗玛峰是世界海拔最高的山峰。

酥油茶　糌粑　奶渣饼　奶渣

▶ 藏族美食

青藏高原气候恶劣，藏族人的饮食较为简单，主要以糌粑为主食。糌粑是用生长在高原的青稞磨成粉做成的。食用糌粑时，藏族人还会拌上浓茶或酥油茶、奶渣、糖等，捏成小团食用。

▶ 布达拉宫

布达拉宫位于拉萨河谷中心海拔 3700 米的红色山峰上，是一座宫堡式建筑群。相传是吐蕃王朝赞普松赞干布为迎娶文成公主、促进与唐王朝的友好关系而建的。

这里是 **新疆喀什**，这里是沙漠里的绿洲，是丝绸之路上的千年古城。住在这里的小朋友，可以在精美的外廊下嬉闹，可以在苏帕上休息，可以在庭院里面摘瓜果，还可以在迷宫一样的巷子里穿梭。

喀什民居是一种多用土坯建造的封闭式庭院住宅，这种房子外观普通，内部装饰华丽，是新疆维吾尔族人民的主要居住形式之一。喀什地区干燥少雨，风沙较大，昼夜温差大，厚厚的墙体、小小的窗户和封闭式庭院不仅可以阻挡风沙，也具有良好的保温保湿功能。

沙漠边缘是绿洲，
维吾尔族显身手。
厚墙小窗过街楼，
营造庭院小气候。
土坯墙，木梁柱，
五彩斑斓来装束。
设外廊，建苏帕，
葡萄架下有歌舞。

你能找到道路尽头的过街楼吗？喀什城区用地紧张，很多居民在道路上空搭建过街楼。

喀什民居是用什么材料建成的?

喀什民居就地取材,多以土坯作为墙体材料,以绿洲里生长的各种木材作为屋顶和外廊的承重结构。

太阳出来,快出来,
皇帝的女儿哭出来;
五个孩子带出来,
一个孩子留下来;
怀里揣着油馕饼,
脖子上挂着珍珠金银。

封闭式庭院

这种四面围合的庭院,可以抵御风沙,保温保湿,让庭院内的"小气候"更为宜人。同时,封闭的庭院也保证了主人生活的私密性。

小高窗

喀什民居的窗户开向内院,外墙高处只开小高窗,利于采光通风。

院门

喀什民居的院门一般采用的装饰手法有木雕、砖花饰和石膏花雕,大门看上去非常华丽多彩。

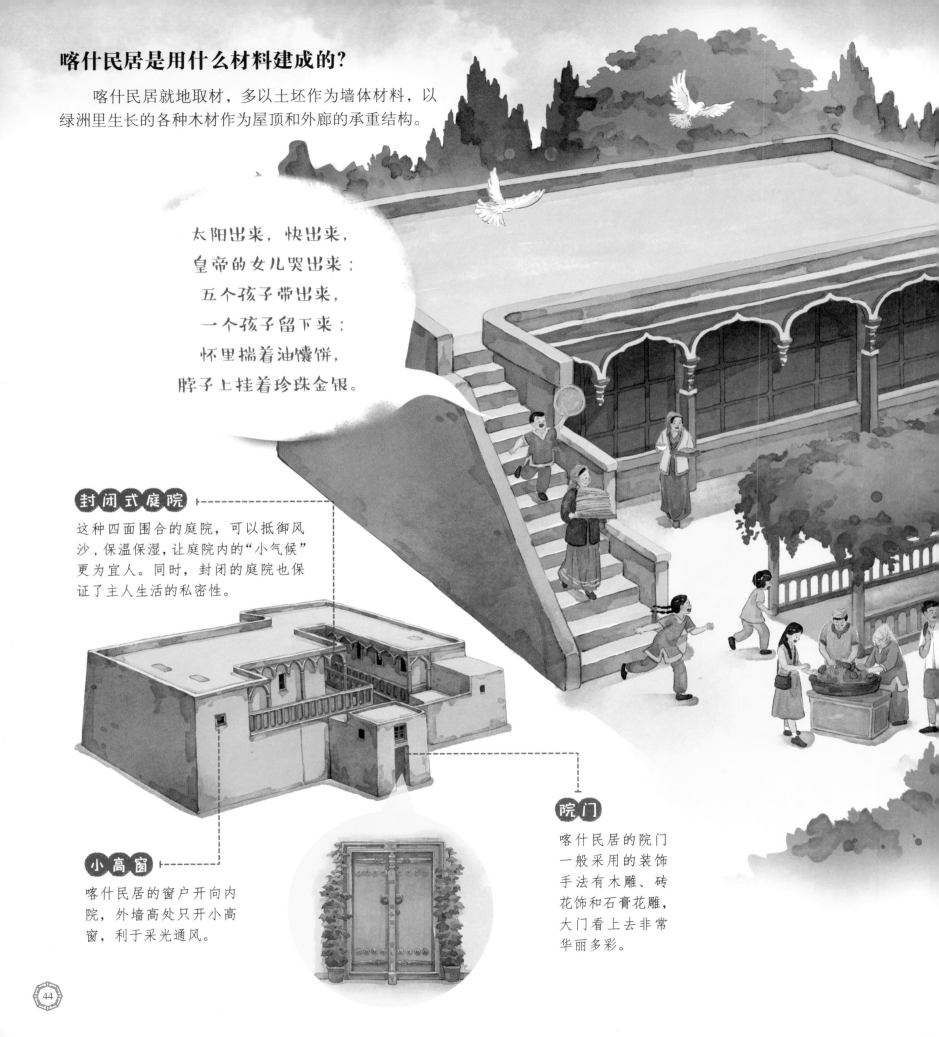

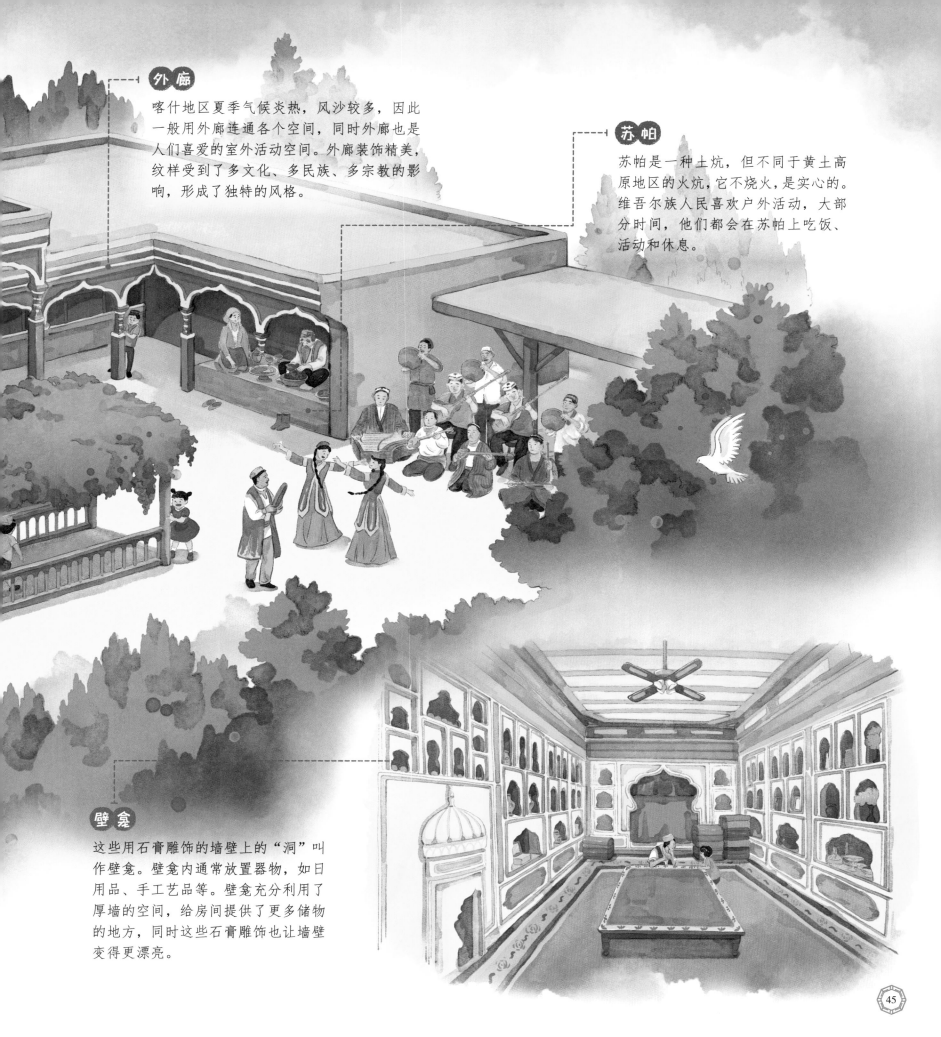

外 廊

喀什地区夏季气候炎热，风沙较多，因此一般用外廊连通各个空间，同时外廊也是人们喜爱的室外活动空间。外廊装饰精美，纹样受到了多文化、多民族、多宗教的影响，形成了独特的风格。

苏 帕

苏帕是一种土炕，但不同于黄土高原地区的火炕，它不烧火，是实心的。维吾尔族人民喜欢户外活动，大部分时间，他们都会在苏帕上吃饭、活动和休息。

壁 龛

这些用石膏雕饰的墙壁上的"洞"叫作壁龛。壁龛内通常放置器物，如日用品、手工艺品等。壁龛充分利用了厚墙的空间，给房间提供了更多储物的地方，同时这些石膏雕饰也让墙壁变得更漂亮。

这里是**广东开平**，这里的先人们远渡重洋，是著名的华侨之乡。住在这里的小朋友，可以透过小小的铁窗，也可以爬上高高的碉楼看世界。但是他们最喜欢的是过大节，在外生活的乡亲们纷纷归来，舞龙舞狮舞灯，欢天喜地，鞭炮齐鸣，共同庆祝节日。

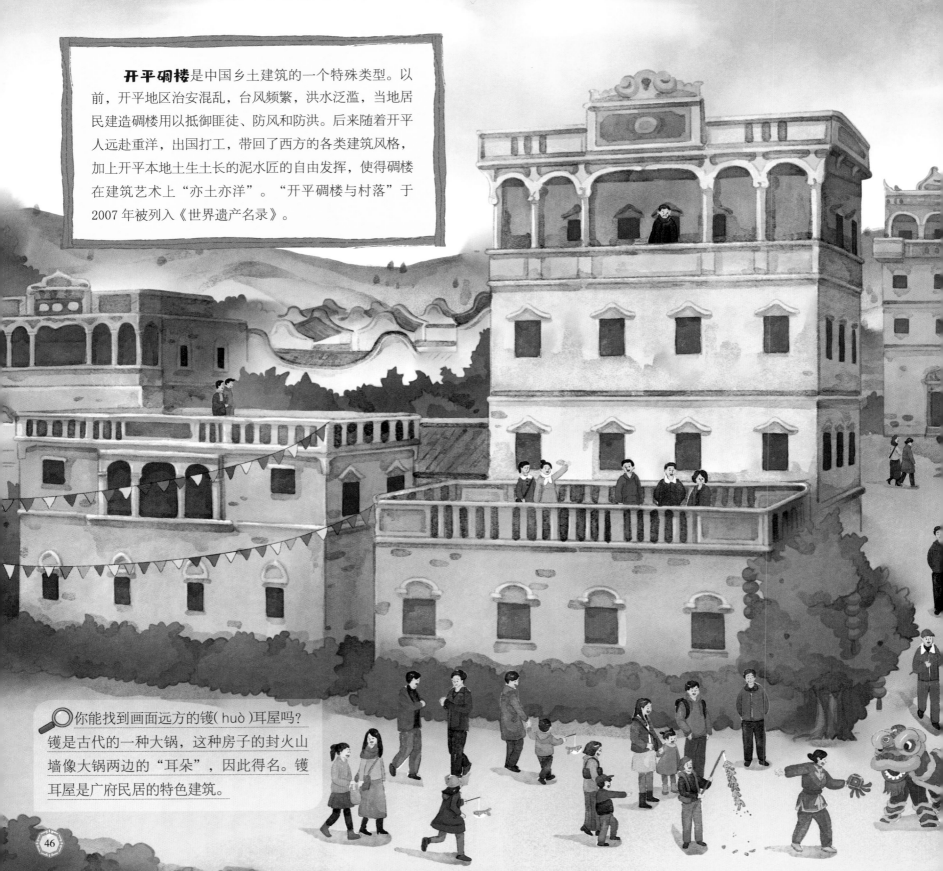

开平碉楼是中国乡土建筑的一个特殊类型。以前，开平地区治安混乱，台风频繁，洪水泛滥，当地居民建造碉楼用以抵御匪徒、防风和防洪。后来随着开平人远赴重洋，出国打工，带回了西方的各类建筑风格，加上开平本地土生土长的泥水匠的自由发挥，使得碉楼在建筑艺术上"亦土亦洋"。"开平碉楼与村落"于2007年被列入《世界遗产名录》。

你能找到画面远方的镬（ huò ）耳屋吗？镬是古代的一种大锅，这种房子的封火山墙像大锅两边的"耳朵"，因此得名。镬耳屋是广府民居的特色建筑。

开平碉楼真奇特，中西合璧一高楼。

铁门铁窗开得小，墙壁堪比城墙厚。

居高临下能防御，角堡射击拒匪偷。

房顶花样最入胜，千楼千面叹不休。

在哪里可以见到开平碉楼？

广东省江门开平市的乡村，现在有碉楼 1833 幢，鼎盛时期达 3000 多幢，最初在明朝后期开始建造。

铁窗

开平碉楼的窗户比较小，都是铁窗，外设铁窗板，用于防卫。

燕鹊喜，贺新年，
爹爹去金山赚钱，
赚得金银成万两，
返来起屋兼买田。

银信

也叫侨批，是海外华侨通过民间渠道寄回国内的钱和书信的统称。

你知道吗，建造开平碉楼的很多材料是进口的？

开平碉楼按建筑材料不同可分为钢筋水泥楼、青砖楼、泥楼、石楼等。其中钢筋水泥碉楼数量最多，造型最复杂。不同于许多传统民居的就地取材，开平碉楼的建筑材料很多是从海外进口的。

为什么开平碉楼看上去有点儿像国外的房子？

19世纪中叶，美国、加拿大等地先后发现金矿，同时美国兴修铁路，需要大量劳工，于是许多开平地区的农民远赴重洋，开始金山寻梦。这些华侨积累了一定财富之后，纷纷回乡买地、建房、娶亲，也将外国建筑风格带了回来。

角堡

为了抵御土匪，开平碉楼上部的四角一般都建有突出的角堡，角堡内有向前或向下的射击孔。

中西合璧

开平碉楼一般会采用"喜"字、"寿"字、蝙蝠、喜鹊等中式风格的图案来装饰。瑞石楼的"喜"字就是典型代表。

射击孔

除了角堡内的射击孔，开平碉楼外墙也有很多射击孔。

▶ 十二木卡姆乐器

十二木卡姆是维吾尔族人民最喜爱的艺术形式，集歌、舞、乐、诗、唱、奏于一体。十二木卡姆由十二套大型乐曲组成，完整地演唱需要二十多个小时。

▶ 赛乃姆

赛乃姆是维吾尔族最普遍的一种民间舞蹈，广泛流传于天山南北的城镇、乡村。它是维吾尔族人民日常生活中不可缺少的一部分，每逢佳节、婚礼仪式、亲友欢聚，他们都会跳起赛乃姆以表庆祝。

▶ 馕

一种烤制而成的面饼，是维吾尔族的主食，在维吾尔族人民的生活中非常重要。

▶ 丝绸之路

一般指陆上丝绸之路，官方正式开通于汉武帝时期，是以当时的首都长安（今西安）为起点，连接中亚、西亚和地中海各国的一条贸易通道。这条通道最初的目的是运输丝绸，因此叫丝绸之路。喀什是丝绸之路的必经之地，当时，骆驼是这条商道上最主要的交通工具之一。

▶ 过街楼（你找到了吗？）

▶镇耳屋（你找到了吗？）

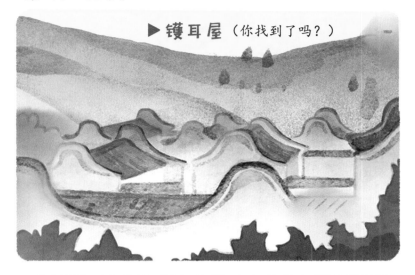

燕鹊喜，贺新年，
爹爹去金山赚钱，
赚得金银成万两，
返来起屋兼买田。

▶《金山》

这是一首广东童谣。"金山"指的是19世纪中叶的"淘金热"目的地，包括美国旧金山（圣弗朗西斯科）等，当时开平地区的男子会远渡重洋到这些地方去打工。

▶金山箱

碉楼里面的这些厚重的箱子叫作金山箱，是开平人的镇家之宝。华侨们会把钱财、洋货和书本放在金山箱里，带回家乡。

▶留声机

留声机是一种可以发出唱片所记录声音的机器。一般认为是由美国发明家爱迪生在1877年发明。后来留声机风靡世界，开平地区的华侨很多在国外工作，也把留声机从国外带回了中国。

▶泮（pàn）村灯会

泮村灯会流传于开平市水口镇的泮村乡，已经有500多年历史了。每年农历正月十三，全村人簇拥着三米多高的大花灯，游遍全乡，非常热闹。"龙灯戏水"是其中的一大亮点。